Marshmallow Fondant

世界第一簡單！

❖

可愛無敵的棉花糖翻糖甜點

一般社團法人JMFA代表

関 有美子
Yumiko Seki

出版\菊

Prologue

大家好。我是 JMFA 代表関有美子。
感謝大家對棉花糖翻糖有興趣，購買這本書。

現在的日本或許大家對於棉花糖翻糖還不熟悉，
我與棉花糖翻糖相遇是在幾年前，
大學時期留學生朋友所做的生日蛋糕，
當時日本的蛋糕並不流行這類華麗的裝飾，
我一見到棉花糖翻糖的生日蛋糕，
馬上被這種在日本沒見過的大膽裝飾給深深吸引。

後來我開始思考，
這些從小懷抱憧憬繪本中的糖果屋、
孩子們喜歡的卡通造型、寶石般的甜點…等，
如夢似幻般的糕點，是不是也可以用棉花糖翻糖來做做看。
之後，我將自己設計的蛋糕給朋友們看，
很幸運的有了開設甜點教室的機會。

學生們最感到驚訝的是，與華麗的外觀相反，作法其實非常單純。
不需要用火，非常安全的可以與孩子們一起操作。
不僅如此，蛋糕華麗的外表，更是在聚會或慶祝等場合讓人感到歡喜的點心。

希望透過此書，
能讓更多的人感受到棉花糖翻糖的魅力，徜徉在自由創作的快樂之中。

関 有美子

Contents

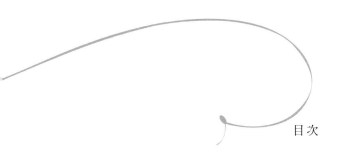

目次

※ 封面與背景所使用的三層翻糖蛋糕，
　是 JMFA 協會講師評定時所使用的範本。

Marshmallow Fondant

製作棉花糖翻糖

使用家中常見的工具及素材就可以製作棉花糖翻糖，
但若有專用的工具會更便利。

tool & material 道具與材料

耐熱缽盆

用於放置翻糖材料。

刮刀

將融化後的材料混合攪
拌時使用。

砧板

翻糖成形時使用，亦可
使用矽膠薄墊。

擀麵棍

延展翻糖時使用。

壓模

將翻糖壓切成喜歡的
形狀。

矽膠墊與矽膠壓模

將翻糖壓成喜歡的形狀。善用糖花、黏土用工具可豐富作
品的多元性。

廚房紙巾

擦拭著色用的工具、顏
料等等。

剪刀

切斷做好的翻糖零件時
使用。

切板

切斷翻糖時使用。

抹刀

將翻糖著色混合、切
斷、翻模印花時使用。

錐子
用於翻糖上色時。

尺
用來測量翻糖尺寸。

夾鍊袋
防止翻糖乾燥，暫時存放材料時使用。

保鮮膜
防止翻糖乾燥，以保鮮膜包妥。

翻糖塑形工具組
用於在翻糖上開孔、延展等塑形時使用。亦可使用圓形的筷子頭或者叉子、竹籤等替代。

刷子
將翻糖塗抹水份或者將酒塗抹於杏仁膏上等。

鑷子
用於裝飾糖珠等纖細的作業時。

操作板（palette）
用於放置糖珠等乾燥的零件使用。

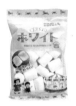

棉花糖
棉花糖翻糖的主要材料。不限使用日本或者進口商品。

糖粉
棉花糖翻糖的主要材料。成分含玉米粉的也可以。

顏料
推薦使用膏狀的款式比較便於操作。

玉米粉
翻糖延展時作為手粉使用。可以搭配紗布等有粉撲功能，方便進行粉量調節，較易於操作。

水
用於黏著尚未乾燥的翻糖材料。面積較小的部分可使用筷子的尖端塗抹。

酒
塗抹在杏仁膏或者用於翻糖材料黏著。推薦使用揮發性較好高濃度酒精的酒。如果是給小孩食用的話請以水替代。

油（沙拉油）
使用矽膠墊、矽膠模時便於翻糖脫膜時使用。不推薦使用橄欖油等有顏色，會染色到翻糖上的油脂。

糖珠
具有光澤的砂糖製品。用於裝飾翻糖時使用。有各種款式，建議可以備齊。

珠光粉
用於製作珍珠球。有分可食用與不可食用的種類，選購時請注意。

有用的 ❧ webshop

在此介紹製作棉花糖翻糖所需的材料與翻糖裝飾材料、用品等進口商品，可從網路商店購得。或在搜尋引擎打關鍵字「棉花糖翻糖 シュガークラフト 道具」亦可。

- NUT2deco http://www.nut2deco.com
- スウィートハーツ http://www.sweetheart2.com

Process

不需要用火就可以簡單操作的棉花糖翻糖。

⚜ 材料

棉花糖	約100g
糖粉	約300g
水	適量

棉花糖與糖粉的比例約為1:3

1

將棉花糖置於耐熱缽盆中。以水均勻的將棉花糖弄濕。

2

不需覆蓋保鮮膜,以微波爐加熱1分鐘左右(50g的棉花糖加熱30秒)

3

加熱後的棉花糖會變得鬆軟。

4

以橡皮刮刀將盆內棉花糖攪拌成乳霜狀。

5

加入糖粉。

6

充分混合均勻。

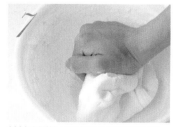

7

材料成團後以手揉至耳垂般的硬度。

8

整型後以保鮮膜包妥,小心避免翻糖乾燥。建議置於25度以下的室溫。

9

置於夾鍊袋中(冬季常溫,夏季冷藏可保存1個月)質地變硬時可以微波加熱10秒,即可恢復柔軟。

※ 上述期間為調理後的保存期限。也請留心棉花糖等原料的保存期限差異。

Point

在此介紹，脫膜的技巧、著色的技巧、珍珠球的作法。

❧ 使用矽膠模型時

1

滴入一滴沙拉油至矽膠模中，讓油脂均勻的分佈在矽膠模內

2

將翻糖塊壓入模型中

3

以錐子將多餘的翻糖塊切除

4

將模型外側的翻糖塊完全壓入模型中

✕ 錯誤示範

翻糖塊如果超出模型邊緣，脫膜後將會導致邊緣形狀凹凸不平。

❧ 翻糖著色　✤ 調色請參照P34

粉紅或者藍色等顏色過濃時，成色會帶有孩子氣或POP感，可適量添加少許咖啡或黑色，調整成略帶煙燻的顏色，就可以讓顏色顯得較成熟。

使用濃稠的顏料會讓翻糖變硬，或者變得鬆散易碎，要上色時可以使用質地較軟的翻糖或減少手粉的份量，翻糖比較不會變脆，調成黑色的時候，也可以使用黑色的可可粉。

❧ 珍珠球的製作方法

1

將搓成圓形的翻糖置於缽盆中，加入適量珠光粉

2

搖晃缽盆讓圓形翻糖球均勻的沾裹上珠光粉

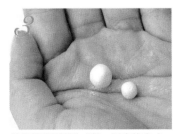

3

糖球整體蘸滿珠光粉，固定後完成

Marshmallow Fondant

9

杯子蛋糕的作法

動手製作蛋糕基座的杯子蛋糕吧。也可使用市售蛋糕。

⚜ **材料·6個**

※ 使用直徑5 × 高3cm的杯型模

奶油	100g
砂糖	30~40g
雞蛋	1個
牛奶	25ml
鬆餅粉	100~150g

將奶油置於耐熱缽盆中

以微波爐加熱20~30秒將奶油融化，接著加入砂糖（若有結塊要壓散）

加入雞蛋、牛奶

加入鬆餅粉充分混合均勻

將杯子置於烤盤上並且倒入混合好的麵糊，倒至7~8分滿

麵糊表面平整

以180℃預熱好的烤箱，烤15~20分鐘

以錐子戳入中央，取出錐子表面沒有殘留麵糊即OK

圓柱蛋糕的作法

動手製作蛋糕基座的圓柱蛋糕吧。簡單的以圓形模製作！

❖ **材料**

❋ 直徑 5 × 高 5cm 的圓形壓模

市售磅蛋糕 1個

Process

1

將充分洗淨晾乾的牛奶盒剪成18×5cm長條形後捲成圓圈，重疊的部分以釘書機釘好

2

自製成 5×5cm 的圓形壓模

3

以做好的圓形模在市售磅蛋糕上垂直下壓後拿起

4

以手自上端往下壓，脫膜

5

將蛋糕上部不平整的部分切下

6

圓柱型蛋糕完成

7

沒有立即使用的話，請以保鮮膜包妥置於冷藏室中保存

Point

進行步驟5之前，將磅蛋糕置於冷藏室中充分冷卻，在脫膜的時候蛋糕比較不會鬆散，更容易進行。蛋糕的外型越完整，裝飾的時候越不容易變形。

杏仁膏 Marzipan 的作法

在蛋糕體貼上杏仁膏，為棉花糖翻糖打底。

材料

杏仁粉	100g
糖粉	150g
牛奶	30ml

Process

1 將杏仁粉置於塑膠袋中

2 加入糖粉讓袋中充滿空氣，將材料混合均勻

3 加入牛奶

4 充分混合均勻後直接保存

Point

也可以使用起酥油（shortening）或奶油起司等當作接著材料進行裝飾，但會比較容易產生翻糖濕黏，或者讓表面無法調整的問題。本書以杏仁膏製作。可補強蛋糕表面，將蛋糕作為禮物時推薦使用。

與蛋糕組合

1 取適量的杏仁膏整形成圓形

2 將杏仁膏一邊延展至1mm厚度，一邊與蛋糕貼緊

3 最後會把翻糖貼在杏仁膏上方，所以請將杏仁膏貼滿至之後將貼上翻糖的範圍

1

取50g杏仁膏搓成棒狀

2

將棒狀的杏仁膏擀成4mm厚度薄片

3

裁成15×5cm片狀

4

取適量的杏仁膏延展成4mm厚，以圓形切模壓切

5

將步驟⑸與⑺以酒精濃度35度以上的酒，使用刷子單面均勻刷上一層（小心不要過量），如果成品是讓小孩食用的可以使用水替代

6

將有塗酒的那一側朝內，捲起蛋糕，捲至剛好的位置後，切掉多餘的杏仁膏

7

將有塗酒的那一側朝下，放置於蛋糕頂部

8

接合處塗上酒

9

以手指將接合處捏平

10

將組合好的蛋糕橫放，使用掌心根部施力滾動，使所有材料密合

11

在與翻糖組合進行裝飾時，可以將蛋糕體置於裁下的牛奶盒紙片上，這樣會比較好操作

Cupcake Decorations

Basic version

杯子蛋糕裝飾

在此介紹以杯子蛋糕為基礎所製作的蛋糕裝飾。
用自己喜歡顏色的棉花糖翻糖為材料，
挑戰簡單做出可愛的蛋糕！

Cameo 卡蜜兒（浮雕胸針）

以浮雕胸針與珍珠進行復古風裝飾

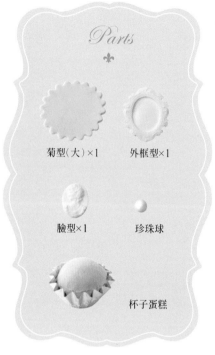

Parts

菊型（大）×1　　外框型×1

臉型×1　　珍珠球

杯子蛋糕

Process

1

取適量的杏仁膏整型成圓形

2

將杏仁膏貼在做好的杯子蛋糕上

3

之後要貼上翻糖，所以請將杏仁膏延展至將貼上翻糖的範圍

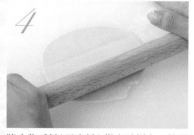

4

將少許手粉（玉米粉）撒在砧板上。將已經上色的棉花糖翻糖以擀麵棍擀平

5

擀至2~3mm厚度後，以菊型壓模切下

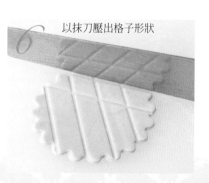

以抹刀壓出格子形狀

6

7

置於夾鏈袋中避免乾燥

8

滴入一滴沙拉油至矽膠模中，讓油脂均勻的分佈在矽膠模內

9

將翻糖塊壓入模型中

10

以錐子將多餘的翻糖塊切除

11

將模型外側的翻糖塊完全壓入模型中

12

翻糖塊邊緣清晰的調整好之後脫膜

Point

圖案可以使用抹刀外的方式壓製，使用方格狀的手工藝模壓出形狀。如果沒有這類工具，也可使用刀背等任何工具進行。

13

菊型的背面（與杏仁膏黏和面）均勻塗上水分

14

置於貼好杏仁膏的杯子蛋糕上方，從中央向外避免皺紋小心貼妥

15

基礎完成

16

將水與糖粉調勻後作為黏著劑，黏上剩下的外框與臉型（乾燥後會硬化），珍珠也以同樣的方式組合

Ribbon 蝴蝶結

蕾絲加上可愛的蝴蝶結。

Parts

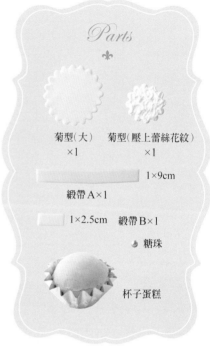

菊型（大）　菊型（壓上蕾絲花紋）
×1　　　　×1

1×9cm
緞帶 A×1

1×2.5cm　緞帶 B×1

糖珠

杯子蛋糕

Process

1 在矽膠模上噴油

2 讓油脂均勻的分佈在矽膠模上

3 將延展至1～2mm厚度的翻糖覆蓋在矽膠模上

4 以拇指根部的掌心於上方施力下壓

5 材料會黏手的話可以施以手粉

翻面後小心脫膜

6

壓出清晰漂亮的花紋即可

以菊型模具壓切

以直徑4mm的擠花嘴在邊緣開孔

使用切板與尺,將延展成2~3mm厚度的
翻糖切出指定尺寸的緞帶零件

將緞帶A捲成圈狀

使用筷子前端將緞帶兩側接合處蘸上水

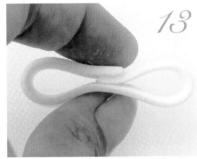

於正中間下壓做成蝴蝶結狀

將緞帶B單面蘸上水

與步驟13組合壓緊做成蝴蝶結

將底做的菊型貼在杯子蛋糕上,
再將步驟9的菊型背面塗濕後
貼於其上

將步驟15做好的
蝴蝶結立面蘸濕

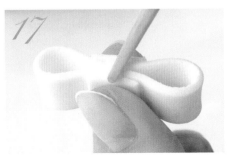

貼上蝴蝶結,以水蘸濕糖珠後貼上

Line Flower 線狀花

看起來非常精緻的設計，其實作法非常簡單！

Parts

圓形(大)×1

花A（大）×1

花B（中）×1

花C（小·有色）×9
花D（小·白）×9

線段A（白）×4
線段B（有顏色）×4　2mm×7cm

糖珠

杯子蛋糕

Process

1
使用切板與尺，將厚度1~2mm的翻糖切成指定的線段尺寸

2
將線段A內側蘸水

3
在貼好底座圓形的杯子蛋糕上貼上線段A。多出來的部分切除

4
接著將另一條線段交叉貼上，貼成十字

5
貼上剩下的線段A，平均間隔的貼成放射狀

6
將線段的一端蘸上水，交互貼上不同色的花朵C與D。正中間貼上花朵A。接著依序貼上花朵B、C、D。最後將糖珠塗上水後黏入裝飾

Three-dimensional Flower 立體花朵

以糖珠裝飾花芯增加華麗感

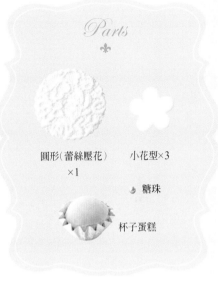

圓形(蕾絲壓花)
×1

小花型×3

糖珠

杯子蛋糕

Process

將延展至1~2mm厚度的翻糖以花型壓模下壓

提起壓模將壓好的花朵脫膜

將2的小花置於雞蛋塑膠盒中輕壓出弧度,靜置1小時~半天乾燥

以糖霜沾在預先貼好圓形蕾絲基座的杯子蛋糕上

黏上小花

將剩餘的花朵平均的貼在杯子蛋糕上固定好

以水蘸濕小花的花芯,中間黏上金色糖珠

在金色糖珠周圍黏上銀色糖珠

剩餘的花朵也以同樣方式完成

Carnation 康乃馨

將花瓣重疊做成康乃馨

Process

1

以極小的花型在菊型周圍壓出小花形狀

壓出7朵小花型的背面,塗上水黏在杯子蛋糕上

2

3

在中型花的花瓣處塗水

4

黏上剛剛壓出的極小花

5

將步驟/背面塗水黏在步驟2上

6

使用塑型工具將康乃馨花型A、B、C花瓣邊緣壓薄

7

以雞蛋盒的凹陷處輔助，將花瓣壓出弧度，靜置1個鐘頭～半天乾燥

8

在中心點上糖霜

9

黏上康乃馨花型C

10

繼續在中心點上糖霜

11

再放一片康乃馨花型C

12

以同樣的方式，交互黏上康乃馨花型A、B

13

以手從黏好的康乃馨花瓣下側往上略略托高

14

將花瓣集中

把花瓣輕輕包起

15

16

最後稍微用一點力氣向中間緊壓

17

靜置

18

5分鐘後，花瓣會自然開花，視需要微調形狀

Elegant hat 優雅的帽子

蕾絲 & 小花，優雅的做成古典摩登的帽子

Parts

圓型(蕾絲壓花)×1

2mm×6cm

帽子的緞帶×1

花型×1

帽子型×1

小花型×5

糖珠

杯子蛋糕

Process

1

在矽膠模上滴上油

2

讓油脂均勻的分佈在矽膠模上

3

將翻糖塊覆蓋在矽膠模上

4

使用P17的方法壓製後脫膜

5

在背面塗水

6

以同樣方法製作帽子，將 5 的花型與緞帶黏在帽子上，再黏在預先貼好圓形蕾絲基座的杯子蛋糕上。將小花平均的以水黏在帽子上，再裝飾上糖珠

Rose Garden 玫瑰花園

只是將看起來很困難，但是做起來很簡單的玫瑰花裝飾在蛋糕上而已！

圓形(大)×1

糖珠　　　杯子蛋糕

Process

1

將翻糖延
展成8cm
長薄片狀

2 從一端捲起

3

做成玫瑰花芯

4

取適量的翻
糖，以指腹壓
成花瓣形狀

將做好的
花瓣捲在
花芯外側

將花瓣上方略
略外翻做成花
朵的形狀

6

7

步驟5、6，疊上第
2片、第3片、第4
片，做成玫瑰花

8

玫瑰花底部塗水，黏在預先
貼好圓形基座的杯子蛋糕上

9

周圍的5朵玫瑰
花，以剪刀剪去
底部後塗水，黏
在周圍，最後以
糖珠裝飾

Gift ribbon 緞帶禮物

蓬鬆的緞帶做成禮物的樣子

Parts

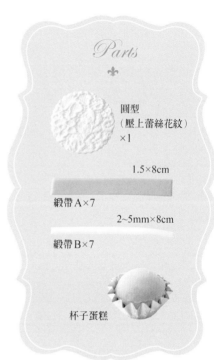

圓型
（壓上蕾絲花紋）
×1

1.5×8cm

緞帶 A×7

2~5mm×8cm

緞帶 B×7

杯子蛋糕

Process

Point

在塗水的時候，如果水分過多表面濕黏，就不易與粗的緞帶黏合。如果塗了太多水，可以撒上一點手粉改善。

1 將緞帶B的背面塗水

在7條緞帶的正中央黏上B，組合好的緞帶取5條，以4.5cm與3.5cm的比例切斷。剩下完整的2根放入夾鍊袋中備用。

2

將步驟2分割好的緞帶分成5條、4條、1條

4 將步驟3的兩端塗水

5 將蘸濕處壓緊做成圈狀

6

7 靜待乾燥

將5條與4條的緞帶前端以切板切成V
字形

8 將置於夾鍊袋
中的2條緞帶取
出，背面塗水，
以十字貼法，黏
在預先貼好圓形
基座的杯子蛋糕
上，過長的部分
以剪刀剪除。

9

在緞帶的前端蘸上糖霜

10

橫放黏好

11

把5條緞帶都黏好後，靜置5分鐘

12

接著再蘸上糖霜，再黏上4條緞帶後，靜置5分鐘

To be continued.....

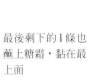

13

最後剩下的1條也
蘸上糖霜，黏在最
上面

Frills race 蕾絲花

多層花邊營造出柔軟的少女心

Parts

圓形(大)×1　　菊型A（大·白）×2
　　　　　　　菊型B（大·有顏色）×1

❋ 花型(小)×5　　🍬 糖珠

杯子蛋糕

Process

1　將菊型A、B以切板切成2半

2　一邊轉動塑型工具一邊將邊緣壓薄，做成花邊狀，如果無法做的漂亮，只是往下壓也可以

3　以壓模切下花邊的部分

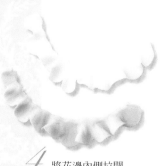

4　將花邊內側拉開

5　在花邊內側塗水

6　將做好的花邊，從上方保持間隔，黏在預先貼好圓形基座的杯子蛋糕上。將花型的背面塗水，黏在花邊曲線上，最後在花芯黏上糖珠

Petit Dome Cake
Decorations

圓柱狀蛋糕裝飾

⚜

比起杯子蛋糕更具立體，
不論是展現創意或裝飾，都讓人更能發揮的圓柱狀蛋糕。
我們要介紹在特別的日子裡、值得慶祝的時候，
令人歡喜的華麗設計。

Flower Dome 圓頂花

蝴蝶結與康乃馨優雅的結合

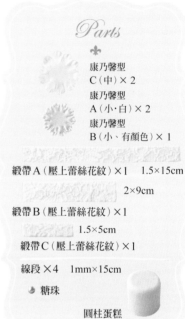

Process

1

將圓柱蛋糕以刷子整體塗上酒

2

取延展成直徑14cm厚度4mm的翻糖從上往下覆蓋住步驟/

3

做成類似晴天娃娃的樣子

4

以切板將多餘的部分切除

5

調整形狀

6

將緞帶B圈起來

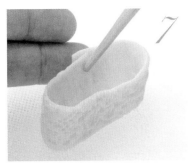

從正後方往內側稍稍壓下

將緞帶B的兩端塗水

從中心按壓

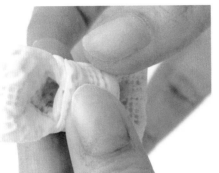

蝴蝶結完成後靜待乾燥

將緞帶C的兩端塗水，將步驟 9 捲起來

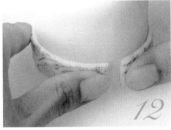

將緞帶A內側塗水，在步驟 6 下方黏成一圈

黏妥之後在兩端接合處，以糖霜黏上步驟 11 的蝴蝶結

在圓柱蛋糕上方點上4處糖霜

將所有線段黏妥後，參照P22~23將康乃馨與糖珠裝飾在蛋糕上

將線段黏在糖霜上，線段的弧度可依照自己喜好進行調整，黏妥後切除多餘線段

Ribbon Dome

圓頂蝴蝶結

以大蝴蝶結加上小花妝點出少女心

2.5×14cm

緞帶A（壓上蕾絲花紋）×1

1.5×10cm

緞帶B（壓上蕾絲花紋）×3

1×5cm

緞帶C（壓上蕾絲花紋）×1

小花型×10

珠鍊×1　約16cm

糖珠

圓柱蛋糕

Process

1 將緞帶A的兩端切成V字形

2 將緞帶A的正中心下壓

3 接著將下壓的兩側邊緣往外折

4 在兩端塗上水

5 將兩端折向中間疊好

6

將緞帶C背面塗水

7

置於步驟6蝴蝶結中心點處

8

捲起來，調整形狀

9

將做好的蝴蝶結立起，調整成立體的形狀

10

乾燥

Point

製作蝴蝶結的訣竅

● 緞帶ABC的厚度不要太薄，就可以做出挺立的蝴蝶結。參考厚度為2mm。

● 蝴蝶結無法順利立起時，可以利用廚房紙巾或者滾筒式衛生紙中心的柱狀厚紙板，放在蝴蝶結的圈中幫助立起。

11

將緞帶B背面塗水，黏在預先貼好表面的基座圓柱蛋糕上

12

將珠鍊內側塗水，貼在蛋糕下方

13

將緞帶B對半切，一端切成V狀，背面塗水黏在步驟12上

14

將乾燥完成蝴蝶結塗上糖霜，與蛋糕組合

15

等距貼上小花，糖珠以糖霜黏在小花的花芯處

Decoration point

介紹棉花糖翻糖操作時，重要的操作訣竅。

Point 1
裝飾時的顏色組合．
可自由發揮

Point 2
糖珠與零件
以糖霜固定

Point 3
翻糖厚度爲
1~2mm

Point 4
未乾燥的翻糖
以水黏接

Point 5
濕度．溫度較高的季節
翻糖乾燥
需耗時半日

Point 6
將零件的長度預留
較長一些，最後再將
多餘部分切除

Point 7
乾燥後的翻糖
以糖霜固定

Color chart

介紹棉花糖翻糖上色時的比例。
請自行調整顏色濃淡，想要做出粉色（pastel color）質感時可以適度增加白色。

Situation Decorations

Application version

各種節日的裝飾

除了之前所介紹的裝飾法外，這裡介紹適合各種節日場合…等，
會讓人歡喜的杯子蛋糕 & 圓柱蛋糕的裝飾應用。

p.36 Baby Shower

p.44 Wedding

p.52 Christmas

p.58 Valentine

p.64 Girls party

p.70 New Year

about baby shower

Baby Shower慶祝小寶寶誕生，在美國是很普遍的習慣，準媽媽的朋友會成為慶祝會籌劃人，在小baby出生前準備禮物等，幫準媽媽辦一個慶祝聚會（party）。這樣的聚會，大家會在佈置著氣球與玩偶等可愛物品的空間裡吃東西、進行遊戲…等。老手媽媽也會在此傳授育兒心得交流，這是一個屬於媽媽們輕鬆愉快的聚會時光。

Baby Shower

寶寶派對

❧

期待新生兒誕生的派對，以棉花糖翻糖蛋糕傳達自己對家人、朋友滿滿的祝福。

Border 條紋

亦可搭配名字縮寫文字或者喜歡的圖樣

Parts

1×6cm
線條A×3

1×6cm
線條B×3

人型×1

杯子蛋糕

Process

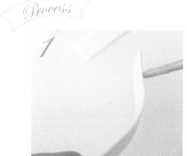

1

將線條A的
一側塗上水

2

將線條A塗
水的部分與
線條B黏合

3

以同樣的方式組合所有
線條

4

撒上手粉

5

以擀麵棍擀平
使線條密合

6

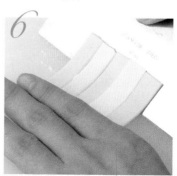

以刮刀刮
起整片之
後翻面

撒上手粉

以擀麵棍擀平使線條密合

以壓模壓出所需形狀

去除周圍多餘的部分

貼在杯子蛋糕上，
人型背面塗水貼在
蛋糕正中央

Soap bubble 肥皂泡泡

使用重疊的圓形做出肥皂泡泡的氣氛

Parts

圓形A×2

菊型(大)×1　圓形B×4

圓形C×7

杯子蛋糕

Process

使用擠花嘴將圓
形C開孔。將各
種圓形背面塗水
之後，均衡的安
排重疊貼在菊型
基座的杯子蛋
糕上。

Baby square cake 方形寶寶蛋糕

挑戰方形蛋糕！請細心處理立面的直角接合處

6×6cm 　　 7×6cm

正方型A×2 　 正方型B×2

貓型×1 　 7×7cm

正方型C×1

5mm×7cm

線條A×4 　　　菊型（小）×1

1×6.5cm 　　　花型（大）×2

線條B×4 　　　花型（中）×2

1×7cm 　　　　花型（小）×3

線條C×4 　　　圓珠

1

將杏仁膏處理成厚度5mm 大小 5× 5cm，與20×5.5cm 大小

2

將杏仁膏背面塗酒後貼在切成5cm 立方的蛋糕上

3

以手將杏仁膏接合處揉平

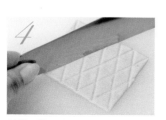

4

以抹刀將正方型B壓出菱格紋

5

將乾燥後的 圓珠蘸濕

6

貼在線條交 叉的地方

7

以字母壓模在做好的菊型上壓出字母

8

將轉印壓模均勻抹上沙拉油，放上另一片正方型B以手輕壓

9

小心的脫膜

10

將步驟7內側以水塗濕，貼在正方型C的正中央

將花型（大）內側以水塗濕後，黏在正方型A的下方5mm靠內側處

11

12

接著將花型（中）與花型（小），依序以花瓣交錯的方式貼好。另外一片正方型A貼上貓型

13

以酒均勻塗在杏仁膏上

14

貼上剛剛做好的各個零件

15

接著貼上步驟12做好的貓型零件

16

貼上步驟9轉印好的零件，與步驟12的小花零件。多餘的部分以剪刀修剪整齊

17

最上方貼上步驟10的零件，多餘的部分以剪刀修剪整齊

所有零件組合好之後，以手輕壓使接縫邊緣密合

18

將重疊處的花瓣內側以剪刀剪去5mm左右

剪好之後的形狀如圖

將線條C內側塗水，貼在垂直接合處。
多餘的部分以剪刀修剪整齊

對側也用同樣的方式黏好。以剩下的線
條C將橫向其他餘部分貼妥後，直角處
重疊部分以剪刀修剪上部

多餘的部分修剪整齊

完成後如圖

以手折好

將線條B內側塗水後，貼
在直向的垂直接合處

四邊都貼好的樣子

將線段A內側塗水
後，貼在底部四邊，
多餘的部分以剪刀修
剪整齊

Pattern 1

使用透明檔案夾置於紙型上，以油性筆等描寫，最後以剪刀剪下形狀。
剪下的紙型可放在翻糖上作為壓模用。

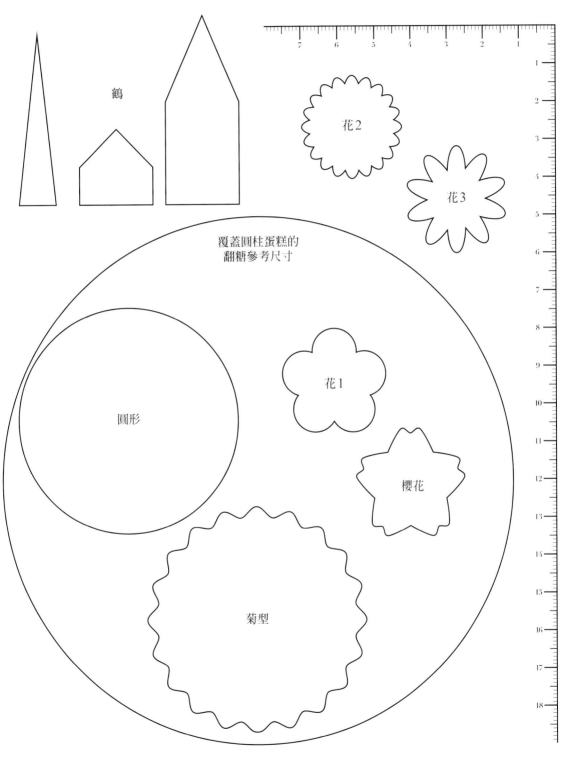

鶴

花2

花3

覆蓋圓柱蛋糕的
翻糖參考尺寸

圓形

花1

櫻花

菊型

Wedding
結婚蛋糕

❧

最佳伴侶與締結良緣的紀念日。和家人朋友一起慶祝這個美好的日子吧！
讓棉花糖翻糖蛋糕傳達心意，在這個重要的日子裡留下最棒的回憶。

about wedding

歐美的習慣，在結婚當天新娘身上要有稱為
Something Four，4樣東西的習慣。這4樣東西
包括，1樣舊的、1樣新的、1樣借來的、1樣藍
色的。所以藉此習慣發揮在蛋糕的設計上，呼應
結婚典禮，帶來歡樂的氣氛。

Bouquet 花束

迷你版的婚禮主角配件

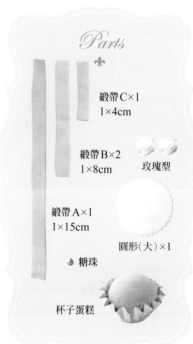

Parts

緞帶C×1
1×4cm

緞帶B×2
1×8cm　　玫瑰型

緞帶A×1
1×15cm

圓形(大)×1

糖珠

杯子蛋糕

Process

1 以尺放在緞帶的正中央

2 壓出一條參考線

3 以塑型工具的前端沿著參考線滾動，做出縐褶花邊

4 完成後會如圖般變成曲線

5 參考線的對向側也以同樣方法做出縐褶花邊

6 花邊完成

7

8

9

將以矽膠模做好的玫瑰小花底部蘸上糖霜

為了讓蛋糕中心較高，取翻糖塊做成基座，以水黏在已經貼好圓型翻糖的杯子蛋糕上

黏在基座正中心

10

在周圍以玫瑰花繞貼二圈

11

12

將花邊圍在玫瑰花四周

在花邊內任意數處蘸上糖霜黏妥。參考P32~33使用緞帶B、C做出蝴蝶結，黏在花邊的接合處。最後以糖珠裝飾

Flower 花朵

以蕾絲與藍白花做出清新秀麗的蛋糕

Parts

圓形(蕾絲壓花)×1

花型(大)×1

花型(中)×3

花型(小)×6

糖珠

杯子蛋糕

Process

1

將乾燥完成的花型(大)，以糖霜固定在事先貼好圓型蕾絲的杯子蛋糕上

2

將花型(中)、花型(小)，以同樣的方式均衡配置，以筷子等尖端確實的貼上。花芯以糖珠裝飾

Petit wedding cake 結婚蛋糕

在特別的日子裡盛大慶祝的進階版裝飾蛋糕

Parts

緞帶A（白）× 2
緞帶B（有顏色）× 1
1×18cm

康乃馨型
（白）

花型（大）

花型（中）

花型（小）

珍珠球

1

將雙色翻糖以1:1的比例揉合

2

不需要揉得太均勻，讓顏色呈現大理石花紋狀

3

揉合之後以擀麵棍延展

4

將有花紋的部分以花型壓模壓切

5

以塑型工具將花瓣做出立體的效果

一邊轉動工具一邊做出花瓣的縐褶

6

7

將做好的花瓣倒置在雞蛋盒突起的地方乾燥

8

白色的花也以同樣的方試做好。以糖霜將做好的花瓣重疊

下層蛋糕以翻糖覆蓋好（直徑10×高5cm），在中心點用免洗筷子穿透。（在移動時有中心支柱會比較穩定）

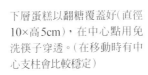

9

10

上層蛋糕也以翻糖覆蓋好（直徑5×高5cm），底部塗上糖霜後插入免洗筷中

11

從上方輕壓固定好

12

將緞帶A背面塗水，固定於下層蛋糕外圈

13

如果不夠的話，取另一條緞帶A補足，將多餘部分剪除。上層蛋糕底部也以同樣的方式取緞帶B圈好

14

白花型剪下花瓣

15

隨意的轉動塑型工具，延展花瓣做出縐褶

16

做出大小花瓣後乾燥

17

將做好的花瓣與花朵，以糖霜固定在蛋糕上。花芯以珍珠球裝飾

均衡的將零件配置在蛋糕上

18

Engagement ring 訂婚戒指

以冰糖與珍珠做成婚約戒指！

Parts

菊型(蕾絲壓花)×3　　圓型(大)×1

冰糖×1

珍珠球　　　糖珠

杯子蛋糕

Process

將菊型對半切

以水將步驟/塗濕，黏貼在事先貼好圓型的杯子蛋糕上，貼成圈狀

將搓成細條狀的翻糖做成圈狀，以剪刀剪斷後調整形狀乾燥

將珍珠球以糖霜固定在冰糖上

接著以糖珠在珍珠球四周裝飾。最後黏上已經乾燥的步驟

將做好的戒指以糖霜固定在步驟上，蕾絲邊緣以糖珠裝飾

Pattern 2 使用透明檔案夾置於紙型上，以油性筆等描寫，最後以剪刀剪下形狀。
剪下的紙型可放在翻糖上作為壓模用。

人形

貓

愛心

Christmas

聖誕節

12 月非常重要的節日。
這是一個想與家人或愛人、重要的人一起度過的日子。
以棉花糖翻糖蛋糕讓這一天更具色彩。

Socks & House 襪子 & 房屋

用三條緞帶編織出裝飾！

Parts

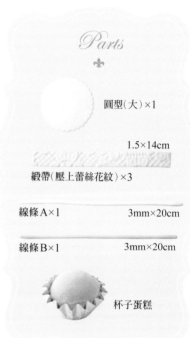

圓型(大)×1

1.5×14cm

緞帶(壓上蕾絲花紋)×3

線條A×1　　3mm×20cm

線條B×1　　3mm×20cm

杯子蛋糕

Process

1 以掌心底部將翻糖搓成等粗的長條狀

2 固定線條A、B的前端

3 將兩條線搓在一起

4  以左手輕壓朝前方搓動

5  將線條搓緊

6  將線條2端顏色對齊後以水黏合固定，乾燥

7  緞帶預留前端，其他部分切分成3等分

8  編成辮子

9  以同樣方式做出3條

將編好的3條緞帶對齊花紋後並排,接合處蘸上糖霜

調整好花紋的凹凸面後黏合

以襪子與房屋壓模壓出形狀

在事先貼好圓型杯子蛋糕的四周,圈上6以糖霜固定。襪子形狀底部塗水橫貼在蛋糕上,最上端蘸上糖霜後,撒上砂糖裝飾

將蛋糕正面朝下抖去多餘的砂糖

房屋形狀也以水塗在底部貼在蛋糕上,屋頂蘸上糖霜後也撒上砂糖裝飾

Wreath 聖誕花圈

聖誕節的主角飾品

Parts

花型 ×1

葉型 ×1

蝴蝶結型 ×1

圓型(大) ×1

珍珠球

糖珠

杯子蛋糕

Process

在事先貼好圓型的杯子蛋糕上,以糖霜隨機的貼上一圈葉型

將葉子立體的交疊貼好後,貼上花型、蝴蝶結型,最後以糖霜黏上糖珠與珍珠球

Christmas tree 聖誕樹

以剪刀隨機的剪出聖誕樹的形狀

Parts

圓型(大)×1　　雪花型×1

珍珠球　　　　圓錐(大)×1
　　　　　　　圓錐(小)×1

　　　　　　　糖珠

杯子蛋糕

Process

1

以擠花嘴在雪花型上垂直壓出
3個圓

以剪刀隨機的在圓
錐形上剪出數刀，
做成樹的樣子

2

將翻糖做成圓錐型

3

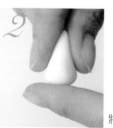
4

在做好的聖誕樹底部蘸上糖霜

5

將珍珠球蘸上糖
霜裝飾在旁邊

黏在步驟1的雪
花型上

6

7

隨意的在聖
誕樹上蘸適
量糖霜

8

撒上砂糖做成雪
花的樣子，等待
乾燥

9

將乾燥好的步驟8
黏在事先貼好圓
型的杯子蛋糕上

Crystal of snow 雪的結晶

非常簡單就能完成的蛋糕裝飾

Parts

雪結晶型(小)×4

雪結晶型(大)×3　　雪花型×1

冰糖×2

糖珠

圓柱蛋糕

Process

1

將貼好翻糖的圓柱蛋糕以糖霜與雪花型黏合

2

以擀麵棍一端敲碎冰糖

3

將步驟2均勻的以糖霜固定在步驟1圓柱蛋糕上

4

在乾燥的雪結晶中心蘸上糖霜，均衡的貼在蛋糕上。

5

蛋糕上方也以糖霜固定雪結晶。如果不能順利的將雪結晶立起，後方可以先用面紙等支撐，使其站立

6

以糖霜將小的雪結晶貼在大的雪結晶上，最後以糖珠裝飾

Valentine

情人節

❦

2月14日是男女表達愛意的日子。
近年轉變成連同性的好朋友，或者任何人都能開心度過的節日。
以華麗更勝巧克力的蛋糕與大家一起開心的慶祝吧。

Cookies ribbon 蝴蝶結餅乾

以縐褶和圓弧作出一個逼真的蝴蝶結！

Parts

緞帶 A×1	2×10.5cm
緞帶 B×1	1×6cm
圓型(大)×1	菊型(中)×1

杯子蛋糕

Process

1 以塑型工具將菊型的邊緣戳出凹洞

2 將緞帶 A 的兩端內側塗水，圈起來之後疊好，輕壓中心

輕壓蝴蝶結上下兩端

3

4 以手整形，將蝴蝶結邊緣的稜角壓圓

5 輕壓蝴蝶結中心，以塑型工具壓出縐褶

6 將緞帶 B 內側塗水，從步驟5中心圈起，多餘的部分剪除

7 調整蝴蝶結的邊緣，在中央做出凹陷的線條

將菊型貼在已經貼好圓形的杯子蛋糕上

8

9 以糖霜將蝴蝶結固定在杯子蛋糕上

I love you plate

我愛你字牌

將訊息寫在字牌上傳達心意

Parts

圓型(大)×1

杯子蛋糕　　菊型(中)×1

1

將油滴在手上

2

均勻的塗在模型上

3

貼上圓形，由上平均向下壓

4

小心的脫膜

5

以英文字母印章印在菊型上

6

以擠花嘴在周圍開孔，乾燥。最後以糖霜固定在貼好步驟 / 圓型的杯子蛋糕上

Heart & Rose cake 愛心與玫瑰花蛋糕

裝飾了珍珠球做成的珠鍊與玫瑰花的成熟女人心

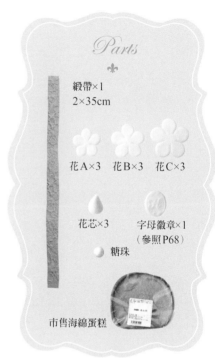

Parts

緞帶×1
2×35cm

花A×3　花B×3　花C×3

花芯×3　　字母徽章×1
　　　　　　（參照P68）

糖珠

市售海綿蛋糕

Process

1

海綿蛋糕以心型壓模（高5×直徑
10cm）壓出。以酒刷塗杏仁膏貼在
蛋糕上，再用質地較軟的翻糖，直徑
20cm×厚5mm包覆並修整形狀

2

緞帶內側塗水貼在蛋糕下方

3

在心型的凹陷處將緞帶收尾，多餘的
部分剪除

4

以塑型工具
在花瓣底部
轉動，做出
花瓣的縐褶

5

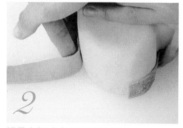

再以塑型工具在花瓣頂部
轉動，繼續做出花瓣的縐
褶。ABC所有的花瓣都以
同樣方式操作

6

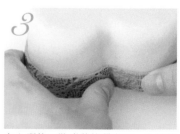

在花A的中央放置圓錐形的翻糖

以對角線的方式
朝花芯貼妥

以少量的水，滴1滴在花瓣上

剩下的3片花瓣也以相同方
式貼好

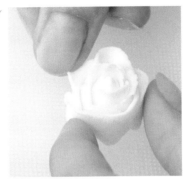

將花瓣朝外側撥開

將步驟10放在花瓣B的中心，以同樣的
方式貼妥

將步驟11置於花C的中心，以同樣的
方式貼妥。將花瓣朝外側撥開。等待
乾燥

使用大小不一的珍珠球在蛋糕上做出
珠鍊的形狀

將珍珠球以糖霜固定在蛋糕上

再將字母徽章以糖霜固定

均勻的貼在蛋糕上

在花朵下方蘸上糖霜

最後以糖珠裝飾花朵

Girls party

女孩們的派對

❧

今晚是女孩們的派對！
在超級可愛的東西包圍下，做超級可愛打扮的女孩們，
一整晚開心的時光。
提著可愛的蛋糕讓大家聚在一起吧！

Pillow 枕頭

將女孩們睡衣派對不可缺少的枕頭，做成可愛的樣子

Parts

	2mm×14cm
線條 × 1	

圓形(大)× 1　　　菊型(中)× 2

小花(大)× 2

小花(小)× 5

糖珠

杯子蛋糕

1　將菊型以切板切成兩半，以塑型工具做成花邊狀

2　花邊的部分以壓模切下

3　將做好的花邊，從上方保持間隔，黏在預先貼好圓形基座的杯子蛋糕上

4

5　將線條單面塗水，沿著花邊的邊緣貼好

另一片花邊也以相同的方式重疊貼在上方，多餘的部分以剪刀剪除

6　小花以糖霜黏在線條上方，最後裝飾上糖珠。另一邊也以同樣方式進行

Cosmetic Cheek 粉盒

在浮雕胸針的周圍裝飾糖珠與珍珠球，做成粉盒的樣子

Parts

菊型(大) × 1

臉型 × 1

珠鍊 × 1　　　約16cm

珍珠球

糖珠

杯子蛋糕

1

將珠鍊以水黏在已經貼好菊型杯子蛋糕的外緣

2

將臉型以糖霜固定在蛋糕中間

3

交互貼上珍珠球與糖珠

Initial barrette 文字徽章髮夾

在可愛的蝴蝶結髮夾上裝飾文字徽章

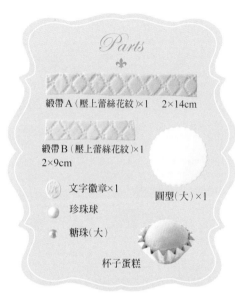

Parts

緞帶A（壓上蕾絲花紋）×1　2×14cm

緞帶B（壓上蕾絲花紋）×1
2×9cm

文字徽章×1

珍珠球

糖珠（大）

圓型（大）×1

杯子蛋糕

Process

1 在矽膠模上滴油均勻塗抹，將翻糖覆蓋在矽膠模上

以抹刀將多餘的翻糖切除，調整好形狀後脫膜

2

3 將緞帶A圈起來兩端內側塗水

4 從中心點下壓

5 在後方以糖霜固定

6 將步驟5貼在已經貼妥圓型的杯子蛋糕上

7 將緞帶B重複步驟3～5之後，貼在步驟6上

8

以糖霜將文字徽章貼妥

交互貼上大的糖珠與珍珠球

9

Gift box 禮物盒

將圓柱狀蛋糕裝飾得像是禮物一般

Parts

直徑5cm

圓型 ×1　　心型 ×5　　玫瑰花型 ×1

緞帶 ×1　　　　　　　1.5×17cm

　　　　　　　　　　　2.5×14cm

緞帶A（壓上蕾絲花紋）×1

　　　　　　　　　　　1×5cm

緞帶B（壓上蕾絲花紋）×1

糖珠　　　　　圓柱蛋糕

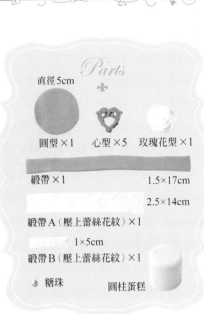

Process

1
將緞帶內側以糖霜塗滿。圓型的內側也一樣

2
將緞帶貼在預先貼好基礎的圓柱蛋糕上方

3
再貼上圓型

4
將心型的內側塗上糖霜，貼在圓柱蛋糕的側面

5
以P32~33的方式將緞帶做出蝴蝶結與玫瑰花，以糖霜固定在蛋糕上

6
最後以糖珠裝飾

p.74 Origami crane 紙鶴

p.73 Temari 手鞠

New Year

新年

慶祝新年到來的正月。

在準備年節料理的同時，要不要與家人一同試作棉花糖翻糖蛋糕呢？

接下來要介紹的是與之前截然不同，有著纖細風格與顏色的和風設計。

p.72 *Sakura carpet*
櫻花毯

p.76 *Tsumami-zaiku Mari*
摘細工 鞠

Sakura carpet 櫻花毯

僅以櫻花型延展、重疊做成的簡單設計

Parts

櫻型 A（白）　　櫻型 B（有顏色）
　　×3　　　　　　　×5

圓型（大）×1　　　杯子蛋糕

Process

1

以擀麵棍將櫻型 A 壓薄

2

比起原本的形狀要
大上一圈

3

將櫻型 B 背面塗水黏在步驟 2 上

4

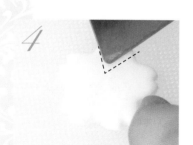

將櫻型 A 從中心朝外切下

5

切下的部分以指尖整形

6

將花瓣內側塗水，平均的貼在步驟 3 上。將做好
的花瓣內側塗水，貼在事先貼好圓型的杯子蛋
糕上

Temari 手鞠

將帶有和風色彩的顏色均衡的組合起來

Parts

| 圓型(大) ×1 | 圓型A(有顏色) ×1 | 圓型B(有顏色) ×1 |

線條×1　1.5×8cm

2mm×8cm
繩子×1

正方形×2
2.5×2.5cm

★ 小花×9

杯子蛋糕

Process

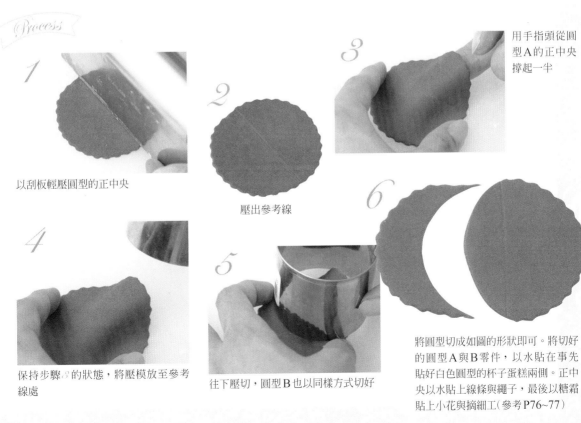

1
以刮板輕壓圓型的正中央

2
壓出參考線

3
用手指頭從圓型A的正中央撐起一半

4
保持步驟3的狀態,將壓模放至參考線處

5
往下壓切,圓型B也以同樣方式切好

6
將圓型切成如圖的形狀即可。將切好的圓型A與B零件,以水貼在事先貼好白色圓型的杯子蛋糕兩側。正中央以水貼上線條與繩子,最後以糖霜貼上小花與摘細工(參考P76~77)

Origami crane 紙鶴

以纖細的設計呈現紙鶴

Parts

菊型(大)×1　　櫻型×1

小球×5

鶴A×2　　鶴B×2　　鶴C×2

杯子蛋糕

Process

使用紙型(P43)剪下鶴的零件。將鶴
A的中間做出折痕

對折一半(鶴尾)

另外一片鶴A對折

將鶴的頭部往
下折

使用鑷子輔助
操作

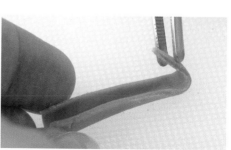

6

翅膀部分的零件，將鶴B置於雞蛋盒
邊緣，捏成翅膀的形狀後靜置乾燥

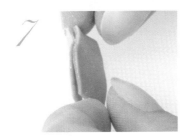

7

將2片鶴C組合

8

一側的前端塗水後，將2片的前端黏在
一起

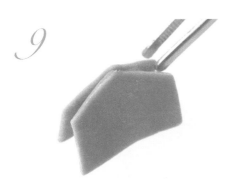

9

組合好之後，
小心下方不要
相黏

將蘸上糖霜的
步驟2插入步
驟9的一側

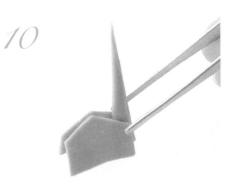

10

11

接著將步驟5的鶴頭也以糖霜黏好

12

調整好頭部的角度後靜置
乾燥

13

將櫻型的底部塗水，黏在事先貼好菊
型的杯子蛋糕上，四周黏上小球，將
做好的鶴黏在最上方

14

將翅膀以糖霜固定在鶴的
身體上。置於冷藏室定型

Tsumami-zaiku Mari

摘細工 鞠

以顏色組合成絕妙的仿鞠風設計

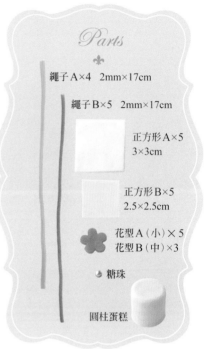

Parts

繩子A×4　2mm×17cm

繩子B×5　2mm×17cm

正方形A×5
3×3cm

正方形B×5
2.5×2.5cm

花型A（小）×5
花型B（中）×3

糖珠

圓柱蛋糕

Process

1

將繩子A貼在預先貼好翻糖的基礎圓柱蛋糕中心

2

接著其他繩子也一樣進行，多餘的部分切除

3

以同樣的方法在兩條繩子A的中間貼上繩子B

4

讓中心呈現拱起的狀態即可

5

將正方形A對折

接著再對折

6

7

將折好的兩
端，朝相反的
方向折

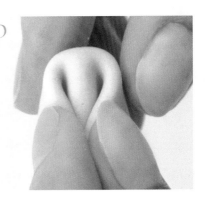

8

捏緊

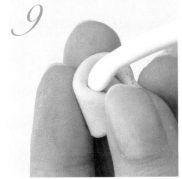

9

使用塑型工具向下壓出凹槽

10

壓住兩端調整形狀

11

剪除下方突起的部分後等待乾燥

12

下方蘸上糖霜

13

黏在步驟 / 上面

14

共黏好 5 個

一樣黏好 5 個

15

接著將正方形 B 以正方形 A 同樣的方
式完成，最後以糖霜固定

16

17

將乾燥後的花型 A 與 B 均衡的貼上，
最後將繩子 B 塗水後黏在底部，四周
黏上花型 A 與 B。在上方的摘細工中
心黏上糖珠

Joy Cooking

世界第一簡單！可愛無敵的棉花糖翻糖甜點

作者　関 有美子

翻譯　許孟菡

出版者 / 出版菊文化事業有限公司　P.C. Publishing Co.

發行人　趙天德

總編輯　車東蔚

文案編輯　編輯部　美術編輯　R.C. Work Shop

台北市雨聲街77號1樓

TEL：(02)2838-7996　　FAX：(02)2836-0028

法律顧問　劉陽明律師　名陽法律事務所

初版日期　2017年7月

定價　新台幣 290元

ISBN-13：9789866210556　　書　號　J126

讀者專線　(02)2836-0069

www.ecook.com.tw

E-mail　service@ecook.com.tw

劃撥帳號　19260956 大境文化事業有限公司

SEKAIICHI KANTAN DE AIRASHII OKASHI MARSHMALLOW FONDANT
©Yumiko Seki 2015.
Originally published in Japan in 2015 by NITTO SHOIN HONSHA Co., Ltd., TOKYO.
Traditional Chinese translation rights arranged through TOHAN CORPORATION, TOKYO.

世界第一簡單！可愛無敵的棉花糖翻糖甜點

関 有美子 著　初版. 臺北市：出版菊文化，

2017[106]　80面：19×26公分. ----(Joy Cooking系列；126)

ISBN-13：9789866210556　　1.點心食譜　　427.16　　106010627

編輯　ナカヤメグミ　丸山千晶（standardstudio）
攝影　シロクマフォート
設計　柚沼みさと
造型協力　Perure by Flower Maniac 浮田かなみ
管理　中沢ゆい（株式会社パールダッシュ）
執行製作　谷口元一（株式会社ケイダッシュ）